AF353164